Discovery EDUCATION

맛있는 과학

디스커버리 에듀케이션
맛있는 과학-43 환경오염

1판 1쇄 발행 | 2012. 5. 29.
1판 4쇄 발행 | 2018. 3. 11.

발행처 김영사
발행인 고세규
등록번호 제 406-2003-036호
등록일자 1979. 5. 17.
주 소 경기도 파주시 문발로 197(우10881)
전 화 마케팅부 031-955-3102 편집부 031-955-3113~20
팩 스 031-955-3111

값은 표지에 있습니다.
ISBN 978-89-349-5807-9 64400
ISBN 978-89-349-5254-1 (세트)

좋은 독자가 좋은 책을 만듭니다. 김영사는 독자 여러분의 의견에 항상 귀 기울이고 있습니다.
독자의견전화 031-955-3139 | 전자우편 book@gimmyoung.com | 홈페이지 www.gimmyoungjr.com
어린이들의 책놀이터 cafe.naver.com/gimmyoungjr | 드림365 cafe.naver.com/dreem365

어린이제품 안전특별법에 의한 표시사항

제품명 도서 **제조년월일** 2018년 3월 11일 **제조사명** 김영사 **주소** 10881 경기도 파주시 문발로 197
전화번호 031-955-3100 **제조국명** 대한민국 ⚠**주의** 책 모서리에 찍히거나 책장에 베이지 않게 조심하세요.

최고의 어린이 과학 콘텐츠

디스커버리 에듀케이션 정식 계약판!

Discovery EDUCATION

맛있는 과학

43 | 환경오염

태영경 글 | 지미란 그림 | 류지윤 외 감수

주니어김영사

차례

1. 환경오염

2. 대기오염

3. 수질오염

4. 토양오염

5. 새로운 환경오염

6. 우리나라의 환경오염

관련 교과

초등 5학년 2학기 1. 환경과 생물
초등 6학년 1학기 4. 생태계와 환경
초등 6학년 2학기 3. 쾌적한 환경

1. 환경오염

푸른 하늘, 상쾌한 바람, 맑은 물. 생각만 해도 기분이 좋아지나요? 우리는 환경의 영향을 받으며 하루하루를 살아가고 있습니다. 환경에 하나라도 변화가 생기면 금방 불편함을 느끼기도 해요. 그런데 우리에게 이토록 중요한 환경이 지금 이 순간에도 오염되고 있습니다.

환경오염이란 무엇인가요?

환경오염의 뜻

텔레비전이나 신문, 인터넷에서 환경오염이라는 단어를 자주 듣고 볼 수 있습니다. 쉽게 접하는 단어인데 그 뜻은 정확히 알고 있나요?

환경오염이란 자원 개발로 인한 자연의 파괴와 인간의 생산 활동으로 발생하는 가스, 폐수, 농약 따위로 동식물이나 인간의 생활 환경이 손상되는 현상입니다. 환경오염은 사람과 동식물의 생활과 건강에 좋지 않은 영향을

18세기 영국에서 시작된 산업혁명으로 농업 중심의 사회가 공업 중심의 사회로 변했다.

미칩니다. 자연의 힘 때문에 발생하는 자연재해와는 그 의미가 분명히 다릅니다. 환경오염을 공해라고 표현하는 사람도 종종 있습니다. 하지만 공해는 일본에서 주로 쓰는 표현이고, 현재는 환경오염이라는 단어가 표준어입니다.

물을 정화하는 식물. 자연은 스스로 오염 물질을 정화할 능력이 있다.

환경오염의 심화

환경오염은 산업혁명 이후 두드러지게 나타났습니다. 산업혁명은 18세기에 영국에서 시작된 기술 혁신과 이와 관련하여 일어난 사회와 경제 구조의 변화를 말합니다. 쉽게 말하자면, 농업 중심의 사회가 공업 중심의 사회로 변한 현상을 의미합니다.

자정 능력

외부에서 인위적인 힘을 가하지 않아도 오염 부분이 스스로 화학, 생물학 작용을 일으켜 깨끗해지는 현상입니다.

산업혁명이 일어나면서 인간은 화석연료와 같은, 그들에게 주어진 자연환경을 짧은 시간에 너무 많이 소비했습니다. 그 결과 스모크 현상 등의 대기 오염이 심각해졌습니다. 자연은 본래 스스로 오염 물질을 정화할 수 있는 자정 능력을 갖추고 있지만 인간은 자연이 자정할 시간조차 없이 환경을 이용했고, 이 때문에 환경오염이 심각해졌습니다.

TIP 요건 몰랐지?

산업혁명을 일으킨 방적기

산업혁명은 인간의 생활 방식을 순식간에 바꿔 놓았습니다. 이러한 산업혁명을 일으킨 최초의 기계가 바로 방적기입니다. 방적기는 실을 만들어 내는 기계를 말합니다. 방적기가 있기 전에는 사람이 직접 손으로 돌리면서 실을 만드는 물레를 사용했습니다. 하지만 18세기경부터 방적기가 잇달아 고안되었고, 이 덕분에 사람들의 생활의 작은 부분에서부터 산업혁명이 시작되었습니다.

방적기를 사용하면서부터 가내 수공업 규모로 집 안에서 실을 짜던 일이 공장처럼 넓은 공간에서 큰 규모로 진행될 수 있었습니다. 집집마다 실을 어렵게 짤 필요가 없어진 것입니다. 사람들은 더는 집에서 실을 짜지 않았고, 공장에서 대량으로 만들어 낸 실을 구입해 사용했습니다.

산업혁명 이전에는 사람이 직접 손으로 물레를 돌려서 실을 만들었지만 방적기가 개발되면서 실의 대량생산이 가능해졌다.

생태계가 파괴되고 있어요

생태계와 환경오염

환경오염을 이야기할 때 떼어 놓고 생각할 수 없는 것이 있습니다. 바로 생태계입니다. 생태계란 공기, 물, 땅, 햇빛 등 우리를 둘러싸고 있는 자연 환경과 그 안에 살고 있는 생물을 통틀어서 부르는 말입니다. 인간 역시 생태계의 한 구성원입니다. 생태계를 연구하는 학문을 생태학이라고 합니다.

환경오염 문제에서 생태계를 빼놓을 수 없는 이유는 바로 환경이 생태계의 일부분이기 때문입니다. 또한 생태계가 인간의 활동에 의해서 가장 먼저 피해를 받기 때문이에요.

생태계란 공기, 물, 땅, 햇빛 등 우리들 둘러싼 자연 환경과 그 안에서 사는 모든 생물을 가리킨다.

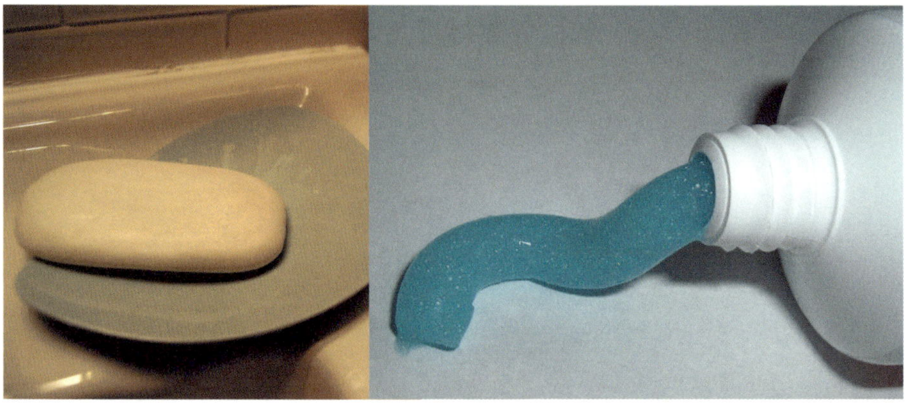

치약과 비누의 거품이 녹아든 물은 하수구로 흘러가 결국 생태계에 좋지 않은 영향을 미친다.

일상생활과 환경오염

여러분, 오늘 아침에 세수하고 양치질했나요? 이때 사용한 물이 어디로 흘러갈까요? 치약과 비누의 거품을 품은 물은 하수도를 따라 우리 생태계의 일부인 강이나 바다로 흘러들어 갑니다. 또한 사람이 타고 다니는 자동차에서 나오는 배기가스, 농부들이 농사지을 때 뿌리는 농약, 우리가 분리수거 하지 않고 버려 땅에 묻히는 쓰레기 등 사람이 무심코 하는 행위가 환경을 해치는 경우가 매우 많습니다. 만약 이대로라면 생태계 자체가 아예 파괴되고 말 것입니다.

먹이사슬과 생태계의 파괴

생태계가 파괴되면 어째서 큰 문제가 될까요? 생태계를 구성하는 많은 요소가 서로 밀접한 관련을 맺고 있기 때문입니다. 생태계를 이루는 한 부분이 피해를 입으면, 피해는 그것에만 그치지 않습니다. 생태계의 일부인 물의 오염을 예로 들어 볼까요? 식물은 물이 없으면 살 수가 없습니다. 물이 오염되면 식물은 생존에 위협을 받게 되겠지요. 이 위협은 식물에 그치

■ 먹이사슬의 예

지 않고 식물을 먹고 사는 토끼나 메뚜기 같은 생물, 토끼를 먹는 뱀, 메뚜기를 먹는 개구리, 개구리를 먹는 쥐, 쥐를 먹는 부엉이, 부엉이를 먹는 독수리까지 생존을 위협받게 됩니다. 먹이사슬 구조를 따라가다 보면 결국 인간도 생명을 위협받을 수밖에 없습니다.

이와 같이 먹이를 중심으로 이루어진 생물 사이의 관계를 먹이사슬이라고 합니다. 생태계가 오염되고 무너지면 결국 식물, 동물, 인간 할 것 없이 모두 생명이 위험해집니다. 환경오염이 곧장 생태계를 파괴하고, 파괴된 생태계 안에서 결국 인간의 생명도 위험하다는 사실을 기억한다면 환경오염을 교과서에나 나오는 재미없는 말로 들어서는 안 될 것입니다.

Q&A 꼭 알고 넘어가자!

문제 1 환경오염이란 무엇인가요?

문제 2 왜 산업혁명을 계기로 환경오염이 심각해졌을까요?

속과 같은 오염 물질이 환경의 자정 능력을 초과하여 배출되었고 환경은 빠르게 더렵혀졌습니다. 사람들이 호흡기 질환과 기타 폐질환에 시달리게 되는 것은 물론이고 지구의 오존층도 파괴되고 있습니다.

3. 목욕·설거지·빨래를 하면서 사용하는 세제가 물을 오염시킵니다. 실제 수질오염의 42%가 생활 하수 때문인 것으로 알려져 있습니다. 자동차의 배기가스에 섞인 일산화탄소와 황산화물 등이 대기 중 산소 농도를 떨어뜨리고 눈과 호흡기에 나쁜 영향을 미칩니다. 분리수거 하지 않고 마구 버린 쓰레기는 매립장에 묻어서 처리하는데, 이때 땅에서 쓰레기가 썩으면서 발생한 침출수는 토양을 오염시킵니다.

문제 3 사람이 일상생활에서 무심코 하는 행위 가운데 환경을 오염시키는 일에는 무엇이 있나요?

정답

1. 인간 활동에 의해 발생하는 대기, 수질, 토양 오염과 소음, 진동으로 환경이 손상되는 현상을 말합니다. 자원 개발로 인해 자연이 파괴되고 교통기관이나 공장에서 배출하는 가스, 폐수, 농약 등으로 동식물 · 인간의 생활 환경이 더렵혀지는 일이지요. 환경오염 때문에 사람의 건강과 생활, 생산 등의 활동에 지장이 생기고 있으며, 최근에는 산성비나 프레온가스 같은 지구적 규모의 오염도 큰 문제가 되고 있습니다.

2. 환경은 고유한 자정 능력을 갖추고 있습니다. 하지만 영국에서 산업혁명이 시작된 이후 대량생산이 가능해지면서 인류가 사용하는 화석연료의 양도 겉잡을 수 없이 늘었습니다. 이때 이산화탄소, 폐수, 폐기물, 중금

관련 교과

초등 5학년 2학기 1. 환경과 생물
초등 6학년 1학기 4. 생태계와 환경
초등 6학년 2학기 3. 쾌적한 환경

2. 대기오염

높은 산에 올라가 본 적이 있나요? 산에 오르면 상쾌한 공기 덕분에 머리도 맑아지고, 코도 뻥 뚫리는 기분이 듭니다. 산 정상에 오르면 더할 나위 없이 기분이 좋아지지요. 그런데 언제부터인가 산 위에서 내려다보이는 도시의 모습이 뿌옇게 변하기 시작했습니다. 무슨 일이 벌어지고 있을까요?

대기가 오염되고 있어요

대기 성분의 변화

산업혁명 이후 도시에는 공장이 급격히 늘어났습니다. 공장에서 배출되는 매연과 먼지의 양도 많아졌습니다. 더불어 자동차가 발명되고 그 수도 증가하여 매연은 점점 심해졌어요. 매연 속에는 일산화탄소나 이산화탄소 같은 인체에 해로운 성분이 많이 들어 있습니다. 이런 성분들이 공기 속에서 차지하는 비율이 높아지면서 대기의 성분에 변화가 생기기 시작했습니

인체에 해로운 배기가스를 뿜어내는 자동차. ⓒ Ruben de Rijcke@the Wikimedia Commons

다. 점점 공기의 질은 낮아져 인간과 동식물의 생활에도 나쁜 영향을 끼치게 되었습니다. 이러한 현상을 대기오염이라고 표현합니다.

ppb

10억분의 1을 나타내는 단위로서, 수질오염도나 대기오염도를 나타낼 때 널리 사용됩니다. 농약처럼 검출되는 양이 굉장히 적을 경우에 ppb를 사용해요.

대기오염의 수치

대기가 얼마나 오염됐는지는 어떻게 판단할까요? 대기 속에 포함된 오염 물질의 양을 파악하면 됩니다. 오염 물질의 양은 피피비(ppb)라는 농도의 단위로 나타내지요. ppb 수치가 높을수록 대기 속에 포함된 오염 물질의 양이 많다는 뜻입니다.

2008년 10월, 녹색연합 환경소송센터는 전국 여섯 개 도시를 기준으로 대기오염이 어느 정도로 심각해졌는지 조사하여 발표했습니다. 사람이 많이 들이마시면 호흡곤란을 일으킬 수도 있는 이산화질소의 양을 수치로 나타냈지요.

조사한 결과는 이렇습니다. 서울 60.3ppb, 안산 50.1ppb, 인천 49.2ppb, 부천 47.5ppb, 광주 47.5ppb, 대전 43.3ppb였습니다. 환경부 기준치 60ppb를 넘는 곳은 서울 52지점, 인천 12지점, 안산 3지점, 부천 2지점, 광주 7지점, 대전 12지점입니다. 총 88지점이 심각한 대기오염 상태에 놓여 있지요. 특히 서울, 인천, 광주 등의 대기오염 정도가 얼마나 심각한지 알 수 있습니다.

산성비

산성비의 폐해

질소산화물은 자동차에서 발생하는 매연에 포함된 물질입니다. 공장이나 가정에서 사용하는 화석연료가 탈 때 발생하기도 합니다. 질소산화물이 대기 속에 너무 많이 퍼지면 비가 내릴 때 빗물과 섞여서 산성이 pH5.6보다 낮은 산성비가 내리게 됩니다.

산성이란 물에 녹았을 때 수소이온을 많이 가진 물질의 특성을 말합니다. 산성 물질은 물에 녹으면 신맛이 나고, 푸른색 리트머스 종이를 붉은색으로 변화시키는 성질이 있습니다. 이런 특성이 강할수록 산성의 성질이 강하다고 말합니다.

산성 정도는 pH라는 단위로 나타냅니다. pH 수치가 높을수록 산성 정도가 약한 것이고, pH 수치가 낮을수록 산성의 정도가 강합니다. 우리가 흔히 볼 수 있는 순수한 물은 pH7입니다. 이를 기준으로 하여 pH 수치가 7보다 작으면 산성, 7보다 높으면 염기성이라고 부릅니다. 일반적으로 내리는 빗물은 pH5.6~6.5 정도의 약한

화석연료

지질 시대에 생물이 땅속에 묻혀 화석같이 굳어져 오늘날 연료로 이용할 수 있게 된 물질입니다. 석탄, 석유, 천연가스가 화석연료에 속합니다.

pH

용액의 포함된 수소이온지수를 말합니다. 수소이온농도를 지수로 나타내는 것이지요. 보통 용액의 수소이온농도는 매우 작은 값이어서 다루기가 어렵습니다. 그래서 pH라는 지수를 도입해 간단한 숫자로 용액의 산성도를 나타내요. 순수한 물은 pH7의 중성이며, 이보다 큰 값은 염기성, 이보다 작은 값은 산성입니다.

■ 산성과 염기성의 세기

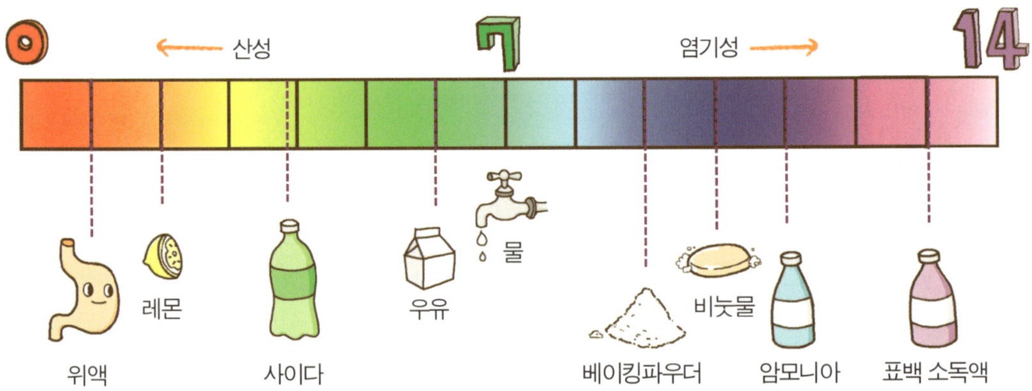

이온

(+)나 (−)의 전기적 성질을 갖고 있는 입자를 말합니다. 전기적으로 중성인 원자가 전자를 잃으면 양전하를, 전자를 얻으면 음전하를 가진 이온이 된답니다.

리트머스

리트머스 이끼에서 얻어 내는 색소입니다. 염기를 만나면 푸른색이 되고 산을 만나면 붉은색이 되므로 수용액의 산성 또는 염기성을 검사하는 지시약으로 쓰입니다.

산성을 띠고 있습니다. 하지만 산성비는 pH5.6 이하의 강한 산성을 띱니다. 산성비의 기준은 나라마다 달라서 pH5.0 이하를 기준으로 하는 국가도 있습니다.

산성비에 가장 먼저 영향을 받는 것은 생물입니다. 특히 산성에 약한 물고기가 가장 먼저 피해를 봅니다. 물고기가 사는 물에 산성비가 섞이면 물은 점점 산성으로 변하고, 그 물을 마신 물고기들은 척추가 휘는 등 기형이 되거나 생명을 잃을 수 있습니다. 산성비가 땅에 스며드는 것도 문제가 됩니다. 땅에 산성 물질이 쌓이면 토양이 점점 산성화되고, 그로 인해 그 땅에서 자라던 식물 역시 피해를 입게 되기 때문입니다.

이렇게 산성비로 인해 세계 곳곳에서 삼림이 황폐해지고, 하천이나 호수의 물고기가 떼죽음을 당하고 있습니다. 실제로 미국과 유럽에서는 공장 지대 주변에 있는 침엽수림이 말라 죽었고, 독일에서는 1980년대에 이미 전체 삼림 면적의 54%가 산성비 피해를 입었습니다. 스웨덴은 낚시터 2,500여 개가, 미국은 전체 호수의 20% 이상이 산성으로 변해서 물고기가 살기 어렵습니다. 특히 미국 북부에 있는 호수 100여 개에서는 연어가 멸종 위기에까지 놓이게 되었다고 합니다.

기형

정상 모습과 다른 형태를 말합니다. 유전자에 이상이 생기거나 발생 과정과 발육에 이상이 생기면 기형이 될 수 있습니다.

산성으로 변한 물에서는 물고기가 살기 어렵다.

산성비가 주는 피해는 이뿐만이 아닙니다. 산성은 금속을 부식시키는 성질이 있습니다. 이 때문에 금속 철재나 콘크리트 등으로 만들어진 건축물과 유물이 산성비로 인해 부식되어 경제적, 문화적 손실이 생기기도 합니다. 이를 방지하기 위해 우리나라 국보 제2호인 원각사지 10층 석탑에는 유리로 된 보호막을 씌웠습니다. 국보가 산성비 때문에 상하지 않도록 보호하기 위한 수단이기는 하지만 마치 석탑이 교도소에 갇혀 있는 듯해서 보는 이들을 안타깝게 하고 있습니다.

산성비에 대한 대책

산성비가 내리지 않게 하려면 주원인 물질인 질소산화물의 배출량을 줄

여야 합니다. 질소산화물을 가장 많이 배출하는 자동차의 매연을 줄이기 위해서는 하루빨리 전기나 메탄올, 태양열을 원료로 하는 공해 없는 자동차를 개발해야 합니다. 또한 가급적 가까운 거리는 걸어 다니거나 매연이 없는 자전거를 이용하는 등 생활 습관도 바꿀 필요가 있습니다. 화석연료를 태울 때 발생하는 질소산화물의 양도 많으므로 대체연료를 찾아내는 일도 시급합니다. 산성비로 인한 피해를 줄이기 위해서 여러분은 무엇을 할 수 있을지 한번쯤 생각해 봅시다.

TIP 요건 몰랐지?

1930년 벨기에 뫼즈 계곡 사건

수많은 공장에서 뿜어져 나오는 매연이 인간의 생명까지 빼앗아 갔다.

1930년 12월 1일 벨기에 뫼즈 지방에서 끔찍한 사건이 벌어졌습니다. 뫼즈 지방에는 제철 공장, 제강 공장, 황산 제조 공장 등 대규모 공업 지대가 조성되어 있었습니다. 12월이 되자 차가워진 날씨 탓에 지면 온도가 갑자기 떨어졌고, 동시에 지면 가까이에 머물던 대기의 온도도 낮아졌습니다. 이로 인해 수많은 공장에서 배출된 가스가 지면 가까이에서 오랜 시간 머물게 되었는데, 이는 사람과 동식물에게도 큰 피해를 입혔습니다. 사고 당시 공기 중의 이산화황 농도는 9.6~38.4ppm이나 되었습니다. 황산 안개가 생길 정도였다고 하니 대기의 오염 정도가 얼마나 심했는지 짐작할 수 있습니다. 뫼즈 계곡 사건으로 수백 명의 호흡기 질환자가 발생했고, 급성폐렴과 심장병으로 63명이 사망했습니다. 특히 노인의 사망률은 더 높았습니다. 사람뿐만 아니라 가축과 새, 주위 나무들이 대부분 죽게 되었습니다. 뫼즈 계곡은 결국 죽음의 계곡으로 변하고 말았습니다.

오존층 파괴

자외선을 막아 주는 오존층

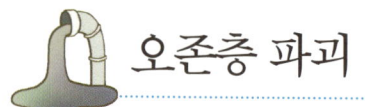

땅으로부터 11~50㎞ 높이에 있는 대기를 성층권이라고 부릅니다. 성층권에는 오존층이 있지요. 오존은 태양의 자외선을 흡수하여 산소로 바꾸는 성질이 있습니다. 자외선은 태양으로부터 오는 빛의 한 종류로 사람의 눈에는 보이지 않습니다. 하지만 높은 에너지를 갖고 있기 때문에 생물에 영

향을 미칠 수 있습니다.

만약 오존층이 완전히 파괴된다면 우리는 태양에서 오는 강한 자외선을 그대로 받으면서 살아야 합니다. 그렇게 되면 사람들의 피부는 붓거나 심지어 피부암에도 걸릴 수 있습니다. 눈에는 백내장이 생기고, 면역력이 떨어져 생각지도 못한 병에 걸리는 사람도 많아질 것입니다. 오존층은 무서운 자외선으로부터 우리를 보호하는 지구의 보호막인 셈이지요.

백내장

눈동자의 색이 하얗게 변하면서 시력에 장애가 생기는 병입니다. 노화로 걸리는 경우가 가장 많지만 상처를 입거나 당뇨병을 앓아서 걸리기도 합니다.

오존층이 사라지고 있어요

이렇게 중요한 오존층이 1980년부터 계속해 4%씩 감소하고 있습니다. 특히 남극이나 북극과 같은 극지방에서는 그 정도가 더 심각하고, 심한 곳은 오존층이 뻥 뚫리기도 했습니다.

넓은 농장에 살포되는 살충제도 오존층을 파괴한다.

냉장고의 냉매제, 헤어스프레이, 에어컨 등에 오존층 파괴의 주범인 프레온가스가 쓰인다.

오존층을 파괴하는 주된 물질은 염화플루오르화탄소입니다. 우리에게는 프레온가스라는 이름으로 더 익숙한 물질이지요. 냉장고를 차갑게 만드는 냉매제로 많이 쓰는 프레온가스는 자외선이 흡수되면 라디칼이라는 분해되지 않는 입자를 남깁니다. 라디칼이 바로 오존층을 파괴해요.

오존층이 파괴되는 현상은 정말 큰 재앙을 낳을 수 있습니다. 오존층 파괴를 막기 위해서 프레온가스가 많이 쓰이는 살충제, 헤어스프레이, 에어컨 등을 덜 사용해야 합니다. 이것들은 우리의 생활을 편리하게 해 주지만 동시에 미래를 위협하고 있습니다.

TIP 요건 몰랐지?

1948년 미국 도노라 스모그 사건

미국 펜실베이니아 주에 있는 도노라는 인구가 약 1만 4,000명인 작은 도시로 계곡 주변에 있습니다. 주로 제철소와 황산 제련 공장이 있는 공업 지대였지요. 인구는 적지만 많은 공장과 산업 시설이 있어서 도시에는 항상 활기가 넘쳤습니다. 활기찬 분위기에 반해 계곡이라는 지역 특성 때문에 짙은 안개가 낄 때가 잦았고, 온종일 안개가 걷히지 않을 때도 있었습니다.

그러던 1948년 10월 27일부터 10월 31일까지 무려 5일 동안이나 안개가 끼고 바람이 불지 않는 상태가 계속되었습니다. 바람이 불지 않았다는 말은 그만큼 공기가 움직이지 않고 머물러 있었다는 말입니다. 대기가 이동하지 않자 각 공장에서 배출된 여러 종류의 유해 가스와 매연이 안개와 함께 대기를 급속하게 오염시켰습니다. 대기 속의 오염 물질이 안개 모양처럼 만들어져서 스모그가 형성된 것입니다.

대기 속의 오염 물질이 모이면 안개 모양을 형성한다.
ⓒ Nanbeidadao@the Wikimedia Commons

공기 속에 0.012%만 포함돼도 사람이 죽을 수 있는 독성이 강한 이산화황 탓에 20여 명이 죽었고, 무려 6,000여 명이 호흡기 질병으로 병원에 입원해 치료받는 일이 벌어졌습니다.

지구온난화

석유나 석탄과 같은 화석연료를 태우면 이산화탄소나 메탄, 프레온가스와 같은 온실가스가 발생합니다. 온실가스는 태양의 빛과 열이 지표면에 부딪혔다가 다시 반사될 때 그 일부를 흡수하는 성질을 갖고 있습니다. 이 때문에 대기의 온도가 점점 상승하게 되는데, 이를 온실효과라고 합니다. 그리고 온실효과는 곧 지구 전체의 기온을 높이는 지구온난화로 이어지게

됩니다.

지구의 평균 온도가 높아지면서 매년 그 피해도 점점 심각해지고 있습니다. 가장 큰 문제는 해수면이 상승하는 현상입니다. 기온이 높아지면서 극지방에 있는 빙하가 녹기 시작했고, 지난 100년 동안 해수면의 높이는 대략 23㎝나 상승했습니다. 이는 1년에 500억t 이상의 물이 바다로 흘러들고 있다는 뜻입니다. 해수면이 높아지면 섬이나 해안에 사는 사람들의 생활이 위험해질 수 있습니다. 물속 생물의 생태계에도 변화가 생깁니다.

지구온난화 때문에 대륙이 사막으로 변하고 있다.

그리고 대기오염으로 인한 지구온난화 현상이 심해질수록 대륙은 점점 말라서 곳곳이 사막으로 변하게 될 것입니다. 실제로 유엔사막화방지협약의 자료에 따르면 사하라 사막 주변 지역에서 연평균 10㎞의 속도로 사막이 확장되고 있다고 합니다.

Q&A 꼭 알고 넘어가자!

문제 1 산성비는 인간에게 어떤 영향을 끼칠까요?

문제 2 오존층은 지구에서 어떤 역할을 하나요?

선에 노출될 경우 피부암에 걸릴 수 있기 때문에 오존층을 보호하는 것은 인간의 건강과도 밀접하게 연관되어 있습니다.

3. 지구온난화로 지구의 기온이 높아지면서 극지방 빙하가 녹아서 해수면이 높아지고 섬이나 해안에 사는 사람들의 생활이 위험해질 수 있습니다. 투발루라는 국가는 국토의 대부분이 침수되었으며, 키리바시 공화국의 섬 두 개가 지도에서 사라지기도 했습니다. 그리고 지구의 기온이 높아지면서 대륙은 점점 말라서 곳곳이 사막처럼 변해 인간이 살아갈 수 있는 공간이 좁아지고 있습니다.

문제 3 지구온난화 때문에 지구는 어떻게 변하고 있나요?

정답

1. 산성비는 인간에게 호흡기 질병을 일으킵니다. 심지어 산성비에 포함된 질산 이온은 위암과 관계가 있습니다. 식량 생산에도 영향을 미칩니다. 비의 산성 정도가 pH5가 되면 쌀과 밀, 보리의 광합성이 저하되고, pH4에서는 무, 당근, 겨자 등 채소 수확이 감소됩니다. 또한 석회암과 대리석으로 된 역사 유적을 부식시킵니다.

2. 오존층은 성층권 높이의 약 25㎞를 중심으로 대기에 오존이 많이 포함되어 있는 영역을 말합니다. 오존층은 지구에 사는 생물이 생존하는 데 꼭 필요한 존재입니다. 지구에 투사되는 해로운 자외선을 오존층이 흡수하기 때문입니다. 물론 자외선은 인간이 몸 안에서 비타민D를 생성하는 것도 돕습니다. 하지만 너무 많은 자외

관련 교과

초등 5학년 2학기 1. 환경과 생물
초등 5학년 2학기 5. 용액의 반응
초등 6학년 1학기 4. 생태계와 환경
초등 6학년 2학기 3. 쾌적한 환경

3. 수질오염

며칠 전 가족과 함께 한강에 놀러 갔습니다. 엄마는 어렸을 적에 한강에서 수영도 하고, 물고기를 잡기도 하셨다고 합니다. 지금 한강은 시커멓고 냄새도 나는데 어떻게 수영을 할 수 있었을까요? 엄마는 "예전에는 한강이 이렇지 않았는데……."라며 안타까워하셨습니다. 한강에는 도대체 무슨 일이 일어났을까요?

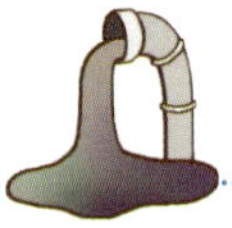

물이 오염되고 있어요

생태계를 파괴하는 수질오염

폐수

가정이나 공장, 광산 등지에서 쓰고 난 뒤에 버리는 물을 말합니다. 쉬운 말로 오염된 물입니다.

2007년 11월 20일 한 신문에 수질오염에 관한 기사가 실렸습니다. 2005년 이후 팔당호를 포함한 경기도의 주요 하천에서 발생한 수질오염 사고가 86건에 달한다는 내용이었습니다. 당시 경기도가 도 의회에 제출한 자료에 따르면 주요 하천에서 농약 유출, 폐수 무단 방류, 축산 폐수 유입 등으로 인한 수질오염 사고는 2005년 19건, 2006년에는 18건, 2007년에는 21건에 이르렀다고 합니다. 이로 인해 상수가 흘러나오는 곳이 오염되고, 물고기가 떼죽음을 당하거나, 생태계가 파괴되는 등 심각한 후유증이 야기되었어요.

수질오염이란 하천이나 호수, 바다에 가정 폐수, 공장 폐수 등 인간이 배출하는 물질이 흘러들어 물이 오염되는 현상을 말합니다. 사람뿐 아니라 동식물 등 모든 생물은 물 없이 단 하루도 살 수 없습니다. 그런데 이 물이 지금 이 순간에도 오염되고 있습니다.

수질오염의 시작

수질오염이 사회 문제로 떠오른 것은 19세기 후반 영국에서였습니다. 당

아름다운 템스 강이 각종 폐수로 오염되고 있다. ⓒ abdallahh@the Wikimedia Commons

시 영국에는 콜레라라는 전염병이 퍼지고 있었습니다. 정부는 계속해서 병이 전염되는 것을 막기 위해 1855년 오물배제법을 정해 하수도로 오물을 배출하도록 했지요. 그 결과 정제 과정을 거치지 않은 많은 양의 하수가 템스 강에 방류되었고, 그때부터 물은 급속히 오염되기 시작했습니다. 뒤늦게 영국은 하천오염방지법을 정해 물을 보호하는 데에 노력을 기울였습니다. 그러나 산업혁명으로 큰 규모의 공장이 들어서고 도시로 인구가 몰려들면서 공장 폐수와 도시 생활 폐수가 급속히 많이 배출되어 수질오염은 점점 더 심해져만 갔습니다.

우리나라에서는 1960년대 초부터 추진된 국가경제개발계획에 따라 많은 공장이 건설되었습니다. 산업 활동이 급속히 증가했고, 도시로 인구가 집중되는 현상도 가속화되었지요. 이로 인한 공장 폐수와 도시 생활 폐수

서울을 가로지르는 한강의 오염도 심각한 수준이다. ⓒ Patriotmissile@the Wikimedia Commons

연안

바다, 호수, 하천 등과 접해 있는 육지 부분을 말합니다. 육지와 물의 경계를 이루는 선의 기준이 분명하지 않습니다.

가 늘어나는 것을 피할 수는 없었습니다. 결국 1960년대 말부터 주요 하천과 연안의 수질오염이 사회 문제로 떠오르기 시작했습니다.

환경 보전을 위해 우리나라에서도 1963년 공해방지법이 발표되었습니다. 하지만 이 법은 날로 심각해지고 있는 환경오염을 규제하기에는 부족한 점이 많았습니다. 그래서 1977년 공해방지법을 폐지하고 새로운 환경보전법과 해양오염방지법 등을 만들었습니다. 또한 환경 보전 업무만을 맡아서 하는 환경청도 세워졌어요.

이타이이타이병

이타이이타이라는 말은 "아프다, 아프다."라는 뜻의 일본어입니다. 뼈가 물러져서 조금만 움직여도 뼈가 부러지는 이 병에 걸린 환자가 아프다는 말을 자주 쓰는 모습을 보고 붙은 이름입니다. 이타이이타이병에 걸리면 재채기를 하거나 의사가 맥을 짚는 것만으로도 뼈가 부러질 수 있다고 합니다. 이렇게 무시무시한 병은 왜 걸릴까요?

카드뮴과 이타이이타이병

일본 기후현의 한 광산에서는 오래전부터 납과 아연을 채굴했습니다. 채취한 광석에서 아연을 분리해 낼 때에는 카드뮴이라는 물질이 함께 나옵니다. 카드뮴은 사람의 몸에 해를 끼치는 중금속의 한 종류입니다. 이 물질이 사람의 몸 안으로 들어오면 호흡을 통해 폐로 쉽게 흡수되지요. 흡수된 카드뮴은 피에 섞여 인체의 각 장기에 쌓입니다. 한번 몸속으로 들어오면 배출될 때까지 상당히 오랜 시간이 걸리는 카드뮴은 임신, 내분비계에 이상을 일으킬 뿐만 아니라 칼슘을 몸 밖으로 배출시켜 뼈를 약하게 만듭니다.

내분비계
인체에 필요한 호르몬을 만드는 선과 조직을 통틀어서 이르는 말입니다.

한번 몸으로 들어오면 쉽게 배출되지 않는 중금속 카드뮴. ⓒ GOKLuLe@the Wikimedia Commons

이타이이타이병의 시작

그 광산에서는 위험한 카드뮴을 그대로 진즈 강에 흘려 버리는 실수를 저지르고 말았습니다. 카드뮴이 섞인 강물은 주변에 사는 사람들의 식수와 생활용수로 사용되고 있었는데 말이에요. 사람들은 카드뮴이 섞인 물을 마시기도 했고, 그 물로 빨래를 하기도 했으며, 아무렇지 않게 목욕도 했습니다. 자신의 몸속에 카드뮴이 쌓이고 있다는 사실을 알지 못했기 때문입니다. 다만 자신들은 원인도 모른 채 자꾸만 뼈가 부러지는 희귀한 병에 걸렸다고 생각했어요.

카드뮴과 이타이이타이병의 연관성은 1971년 이타이이타이병 1차 소송에서 처음으로 인정되었습니다. 그 전까지 의사들은 이 병을 놓고 원인을 알 수 없다는 명확하지 못한 답을 내렸는데, 드디어 그 원인을 찾았던 셈입니다. 1920년에 이타이이타이병의 증상을 가진 사람이 병원을 찾았다는 기록이 있으니, 무려 50여 년 만에 원인이 밝혀진 것입니다.

이타이이타이병으로 고통 받는 사람의 수는 수백 명을 넘었습니다. 한번 몸속으로 들어온 카드뮴은 밖으로 배출되지 않고 있다가 시간이 흐르면서 조금씩 증상을 나타내기 때문에 얼마나 더 많은 피해자가 나올지는 아무도 모릅니다. 광산에서 폐수를 내보낼 때 조금만 더 신경을 썼더라면 이렇게 무섭고도 불행한 일은 일어나지 않았겠지요.

TIP 요건 몰랐지?

1950년 스위스 레만 호 오염 사건

우리가 집에서 흔히 사용하는 합성 세제는 동식물의 기름으로 만드는 유지 비누와는 달리 석유나 석탄 같은 화석 자원으로 만듭니다. 여러 단계의 화학적 합성 과정을 거쳐서 세제가 되지요. 1950년 스위스 레만 호는 바로 이 합성 세제 때문에 급속하게 오염되기 시작했습니다. 합성 세제는 물속 생물에 치명적인 해를 끼치는 물질입니다. 물에 쉽게 분해되지 않고, 플랑크톤을 비정상적으로 번식시키는 성분도 많이 갖고 있습니다. 1950년대 초반부터 시작된 레만 호의 오염은 1950년대 말경에는 가까이 갈 수 없을 만큼 심한 악취를 풍기는 정도가 돼서 더는 생물이 살아갈 수 없는 죽음의 호수로 변해 버렸습니다.

아름다운 레만 호가 20년 동안이나 죽은 호수로 있었다니 믿어지나요? 스위스는 프랑스와의 공동 협정을 통해 레만 호를 되살리기로 했습니다. 그리고 무려 20년이라는 긴 시간이 흐른 뒤에야 레만 호에서 다시 물고기를 볼 수 있게 되었지요. 처음부터 사람들이 합성 세제를 분별없이 사용하고 배출하지 않았다면 레만 호가 20년 동안이나 죽어 있었을까요?

아름다운 모습을 되찾은 레만 호.
ⓒMarkus Bernet@the Wikimedia Commons

미나마타병

신일본질소비료를 만드는 미나마타 공장에서는 1932년부터 아세트알데히드라는 물질을 생산하기 위해 수은 성분이 있는 촉매제를 사용했습니다. 이 과정에서 메틸수은이라는 부산물이 함유된 폐수가 충분히 정화되지 않은 채 바다에 버려졌습니다. 버려진 메틸수은은 바닷속에 사는 많은 물고기의 몸속으로 들어갔고, 그 물고기를 먹은 사람의 몸속으로도 고스란히 옮겨져 수은 중독 현상이 나타났습니다.

메틸수은과 미나마타병

수은도 카드뮴과 마찬가지로 한번 흡수되면 잘 배출되지 않는 중금속입니다. 특히 메틸수은은 몸속에 100mg만 쌓여도 중독될 수 있으며, 1,000mg이 쌓이면 생명을 잃어버릴 수도 있습니다.

수은이 인체에 쌓이면 인간의 생명을 잃을 수 있다.

수은에 중독되면 입, 코, 식도 등에 통증이 생기고 구토와 복통이 일어납니다. 또 신장에 무리를 가해 방광에 오줌이 생기지 않아 오줌을 전

■ 미나마타병이 발생되는 과정

혀 배출하지 못하는 무뇨증에 걸리기도 합니다. 손발이 저려 걷는 것조차 힘들어지고, 경련이나 정신착란을 일으키기도 하는 것이 수은 중독입니다. 이 무서운 병의 이름이 바로 미나마타병입니다.

미나마타병도 이타이이타이병처럼 처음에는 그 원인을 알 수 없었습니다. 대부분의 환자가 어부와 그 가족이었기에 일정 지방에 한정되어 퍼지는 풍토병의 한 종류인 줄로만 알았지요. 하지만 1956년 처음 미나마타병의 여러 증상이 발견되었고, 3년이 지난 1959년에 구마모토 대학교 의학부에서 메틸수은 중독이 원인이라는 사실을 알아냈습니다. 소식을 접한 미나마타 공장 측에서는 이 사실을 부인했습니다. 그 때문에 정부가 미나마타병의 원인과 공장 측에서 내보낸 폐수와의 관계를 인정하기까지 9년이라는 긴 시간이 필요했지요.

마침내 2004년 10월, 미나마타병에 대해 정부가 책임을 져야 한다는 최종 판결이 내려졌습니다. 그리고 2006년에는 미나마타병을 발견한 지 50주년을 맞아 그 병으로 인해 희생된 314명의 이름이 새겨진 위령비가 세워지기도 했답니다.

TIP 요건 몰랐지?

1991년 낙동강 페놀 오염 사건

1991년 3월 14일 경상북도 구미시에 있던 한 전자 회사에 사고가 일어났습니다. 페놀 원액 저장 탱크와 공장을 연결하는 파이프가 갈라져서 터져 버리고 말았어요. 페놀은 잡초를 죽이는 데 쓰는 제초제에 사용하는 물질로, 안전하게 처리하지 않으면 물이 오염됩니다. 사람의 몸에 들어가면 피부암이나 생식 이상 등 생명에 지장이 생길 정도로 위험한 페놀 원액이 약 여덟 시간 동안에 무려 30t이나 흘러나왔습니다.

흘러나온 페놀은 옥계천을 거쳐 대구시의 상수원인 다사취수장으로 흘러들어 시민이 사용하는 수돗물을 오염시켰습니다. 수돗물에서 악취가 난다는 대구 시민의 신고를 받았지만 다사취수장 측에서도 원인을 찾지 못했습니다. 오히려 페놀과 섞이면 안 되는 염소를 다량 투입하여 사태를 더욱 악화시켰지요. 다사취수장을 오염시킨 페놀은 계속해서 낙동강을 타고 흘러 밀양과 함안, 부산, 마산 등 영남의 전 지역을 휩쓸었습니다. 결국 시민의 식수 공급은 중단되었습니다.

낙동강 페놀 오염 사건으로 대구 시민들은 시위를 벌였다.

Q&A 꼭 알고 넘어가자!

문제 1 가정 하수가 그대로 강으로 흘러 들어가면 왜 문제가 될까요?

문제 2 수질오염을 막기 위해서 우리가 실천할 수 있는 일에는 무엇이 있을까요?

물기를 짜낸 후 음식 쓰레기끼리 모아서 버립니다. 야외에 놀러 가서 생긴 쓰레기는 집으로 챙겨 오고 기름이 묻은 그릇은 휴지로 닦아 낸 후 물로 씻어야 합니다.

3. 중금속이 우리 몸에 들어오면 바로 배출되지 않고 단백질에 쌓입니다. 단백질에 붙은 중금속은 단백질의 고유한 구조를 깨뜨려 단백질 기능을 없애 버립니다. 예를 들어 핏속에서 산소를 운반하는 헤모글로빈에 수은이 붙으면 더 이상 산소를 운반하지 못하게 되고, 뼛속의 콜라겐에 수은이 붙으면 뼈가 약해지고 잘 부러지게 됩니다. 또 임산부에게는 기형아나 미숙아를 낳게 하는 등 치명적인 해를 줍니다.

문제 3 카드뮴이나 수은과 같은 중금속이 몸에 들어오면 위험한 이유는 무엇인가요?

정답

1. 가정 하수는 설거지나 빨래할 때 나오는 물이 많은 부분을 차지하는데, 여기에는 유기물이 꽤 많이 포함돼 있습니다. 이것이 분해되면서 물속의 산소가 소모됩니다. 이때 물에 녹아 있는 산소의 양이 어느 정도 이하로 줄어들면 물속의 생물이 산소 부족으로 피해를 입게 됩니다. 심하면 떼죽음을 당할 수도 있습니다.

2. 물을 깨끗하게 하는 데에도 많은 물이 필요하기 때문에 물을 아껴 써야 합니다. 세수한 물을 모아서 걸레를 빠는 등 허드렛물로 다시 쓰면 물을 절약할 수 있습니다. 옷을 세탁할 때 세제를 적게 쓰고 되도록 빨랫감을 한꺼번에 모아서 세탁해야 합니다. 음식은 꼭 먹을 만큼 조리하고 음식 찌꺼기는 하수구에 버리지 말고

관련 교과

초등 4학년 1학기 2. 지표와 변화
초등 5학년 2학기 1. 환경과 생물, 2. 용액의 성질
초등 6학년 1학기 4. 생태계와 환경
초등 6학년 2학기 3. 쾌적한 환경

4. 토양 오염

동식물과 사람에게 없어서는 안 되는 물과 공기가 이미 많이 오염되었습니다. 그렇다면 우리가 밟고 사는 땅은 어떨까요? 땅으로 배기가스를 내뿜지도 않고, 오염된 물을 흘려보내는 것도 아니니 땅은 안전할까요? 그렇지 않습니다. 땅은 어떤 환경오염의 위협을 받고 있는지 알아보아요.

토양도 오염되고 있어요

회복되기 힘든 토양오염

대기오염은 대기 속에 오염 물질의 양이 많아지는 현상을 가리킵니다. 수질오염은 물이 유해 물질 때문에 오염되는 현상을 말하지요. 그런데 대기 속에 오염 물질이 떠 있을 때 비가 내린다면 그 오염 물질은 어디로 갈까요? 그리고 물속을 흐르던 유해 물질은 결국 어디에 쌓이게 될까요? 땅속입니다. 대기나 물속에 있던 오염 물질은 땅으로 흡수되어 결국 토양도 오염되고 맙니다.

토양 오염은 다른 오염과 구별되는 특징이 있습니다. 대기나 물은 흐르기 때문에 순환하면서 정화될 가능성이 있지만 토양은 늘 같은 자리에 머물러 있어서 오염 물질이 계속 쌓일 수밖에 없다는 점이지요. 그 때문에 한 번 오염된 토양은 거의 회복될 수가 없습니다.

토양오염의 피해자들

옛 조상들은 예로부터 땅이 인간의 근본이라고 했습니다. 땅이 없다면 인간이 발을 디디고 살 수 있는 공간조차 없어지지요. 이렇게 중요한 땅이 오염된다면 어떤 일이 벌어질까요?

토양오염의 첫 번째 피해자는 땅속에 사는 생물입니다. 오염 물질 때문에 땅의 성질이 변하면 그 땅에 살고 있던 동물도 목숨을 잃거나 살 곳을 찾아 다른 곳으로 떠나야 합니다. 그렇게 되면 땅속뿐 아니라 전체적인 생태계에 변화가 생깁니다.

땅의 오염은 동물만이 아니라 땅속에 뿌리를 내리고 사는 식물에게도 영향을 끼칩니다. 우선 산성비 때문에 토양이 산성화되면 식물은 잘 자랄 수 없게 됩니다. 당연히 농작물도 재배하기 힘들어질 것입니다. 사람의 식량이 되는 농산물의 생산량이 감소하면 큰 어려움이 생기겠지요. 게다가 오염된 토양에서 자란 농산물에는 땅의 오염 물질이 그대로 옮겨졌을 가능성이 큽니다. 그 농산물을 사람이 먹으면 몸속으로 중금속과 같은 오염 물질이 한 번 더 옮겨질 수밖에 없습니다.

퇴비, 볏짚, 보릿짚, 들풀 등에도 토양을 회복시킬 능력이 있다.

토양개량제

사람들은 토양이 오염되자 토양을 회복시킬 방법을 연구했습니다. 그 결과 토양개량제를 만들었지요. 토양개량제란 토양의 물리적, 화학적 성질을 식물이 잘 자라는 데에 알맞게 바꾸기 위해 사용하는 여러 제품입니다.

여러 가지 화합물을 넣어 화학적 처리를 하기도 하고, 퇴비·볏짚·보릿짚·들풀 등을 넣어 오염된 토양을 회복시키고, 토양이 지닌 본래의 능력을 끌어올립니다.

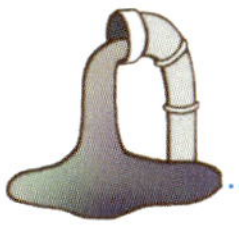

농약과 비료

토양에 해로운 농약과 비료

농약은 농작물에 해로운 벌레, 병균, 잡초 따위를 없애고, 농작물을 잘 자라게 해 주는 약품입니다. 살균제, 살충제, 발아제, 생장 촉진제 등이 농약에 속합니다. 농약은 농작물을 기르는 데에 도움을 주기 때문에 많은 농부가 사용하고 있습니다.

발아

식물의 종자, 가지나 뿌리 등에 생긴 싹이 발생하거나 자라기 시작하는 현상을 가리킵니다. 발아라고 할 때는 보통 종자의 경우를 말합니다.

농약이 살포되면 토양 안에서 물리적, 화학적, 생물학적 반응이 일어납니다. 그 결과 농약 성분이 해로운 성질로 변해서 토양을 오염시킬 가능성이 커집니다. 실제로 농약을 오랫동안 일정한 땅에서 사용하면 작물의 수확량이 점점 감소합니다.

농약과 함께 농부들이 많이 사용하는 비료도 토양을 오염시키는 원인 가운데 하나입니다. 비료는 땅을 기름지게 하고 농작물이 잘 자라게끔 돕기 위해 사용합니다. 하지만 비료 자체에 포함된 구리, 납, 아연, 니켈 등의 불순물은 토양을 오염시키고 맙니다.

친환경 농산물의 두 가지 진실

요즘 시장이나 큰 슈퍼마켓에 가면 친환경 농산물이라는 판매대가 따로

마련되어 있습니다. 가격도 일반 농산물보다 꽤 비싼 편이지요. 이 친환경 농산물이란 무엇을 말할까요? 농약과 비료 등 화학물질을 사용하지 않거나 최소한의 양만 사용하여 생산한 농산물을 말합니다. 친환경 농산물은 재배할 때 해로운 물질을 사용하지 않기 때문에 안전하게 먹을 수 있겠지요. 또한 맛과 향이 좋고, 영양가도 높으며, 신선함이 오래 유지되어 일반 농산물보다 비쌀 수밖에 없습니다.

하지만 친환경 농산물이 정말 모두 안전하다고 장담하기는 어렵습니다. 토양이 오염되었기 때문이지요. 아무리 농약과 비료를 사용하지 않고 농산물을 키운다고 해도 오염된 토양에서 키운 농산물이 과연 100% 친환경 농산물일지는 확신할 수 없습니다. 토양이 오염되면 그 이후에 아무리 친환경적인 조치를 취해도 안심할 수는 없으니까요. 처음부터 토양을 건강한 상태로 유지하는 것이 가장 중요합니다.

위험한 농약 DDT

DDT는 살충제이자 농약입니다. 1874년 처음 DDT라는 물질을 만들어졌을 때만 해도 DDT의 위력이 그렇게 대단한지는 아무도 눈치채지 못했습니다. 단지 DDT가 강력한 살충 효과를 가지고 있다는 사실만 알려졌지요. 게다가 싼 가격에 대량생산까지 할 수 있었기에 DDT는 단시간에 사람들 사이에서 널리 이용되었습니다. 특히 말라리아를 퇴치하는 데 효과가 커서 살충제로 많이 사용되었어요.

DDT를 본격적으로 농업용 살충제로 사용한 때는 1945년 이후입니다. 하지만 1957년부터 DDT가 위험하지 않냐는 의문이 시작됐습니다. DDT를 사용한 후부터 대머리독수리의 수가 점점 감소했기 때문입니다. DDT는 조류의 태아에 악영향을 미쳤고, 알껍데기에 칼슘이 흡수되는 것을 방해해 알이 쉽게 깨지게 하였습니다. 조류뿐만 아니라 어류나 양서류에도 독성을 나타냈고, 이는 곧 인간에게도 영향을 미칠 수 있다는 증거가 되었습니다.

DDT는 분해되는 데 시간이 아주 오래 걸립니다. 짧게는 2년, 길게는 15년까지 걸리지요. 그리고 몸

말라리아

말라리아 균을 가진 모기에 물려 전염되는 병입니다. 말라리아에 걸리면 갑자기 고열이 나고 설사와 구토·발작을 일으킵니다.

양서류

개구리처럼 어류와 파충류 중간 단계의 동물을 통틀어 부르는 말입니다. 양서류는 땅 위나 물속에서 삽니다.

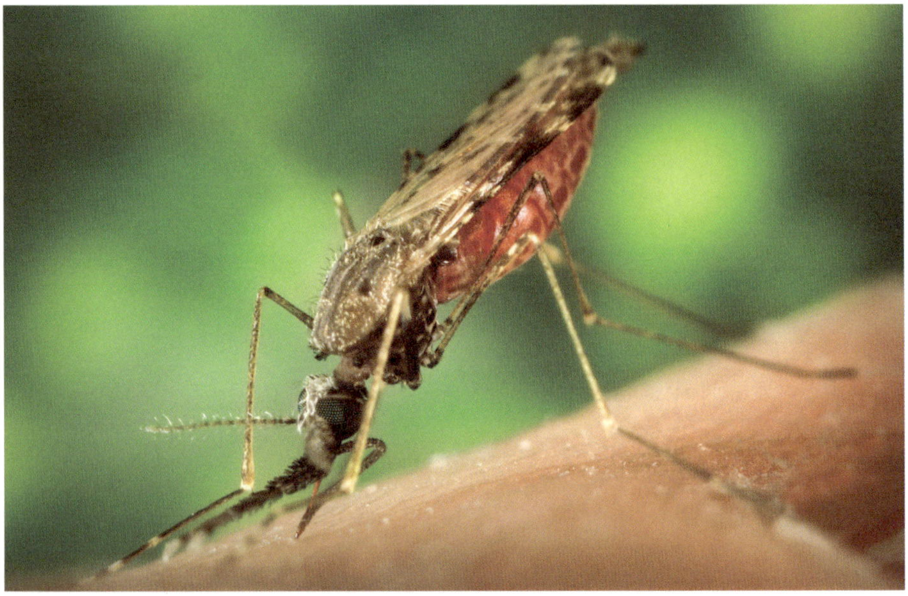

말라리아모기를 퇴치하는 데에 계속 DDT를 사용하는 것은 위험하다.

속에 들어오면 지방 성분에 그대로 쌓여 있기 때문에 DDT를 흡수한 동물이나 식물을 사람이 먹으면 쉽게 몸으로 이동됩니다.

사람이나 생물의 피부에 DDT가 직접 닿았을 때에는 특별한 문제가 생기지 않지만, 음식을 통해 몸속으로 직접 흡수되면 암을 유발할 수도 있다는 연구 결과가 나왔습니다. 그래서 현재 대부분의 나라에서는 DDT를 농약으로 사용하지 못하도록 금지하고 있습니다.

하지만 말라리아로 고통 받는 나라에서는 여전히 DDT를 사용하고 있습니다. DDT가 가진 독성이 크다 하더라도 암으로 죽는 사람보다 말라리아로 죽는 사람이 더 많다고 생각하기 때문입니다.

TIP 요건 몰랐지?

DDT의 위험성을 알린 사람

강력한 살충제로 많은 사람이 애용하던 DDT의 위험성에 주목하도록 경각심을 일으킨 사람이 있었습니다. 바로 20세기 최초의 여성 운동가이자 해양생물학자인 레이첼 카슨입니다.

《침묵의 봄》을 통해 DDT의 위험성을 알린 레이첼 카슨.

그녀는 비행기에서 살포된 DDT 때문에 새들이 죽었다는 사실을 알게 된 뒤 4년간 여러 가지 조사를 했습니다. 그 결과 《침묵의 봄》이라는 책을 통해 DDT 사용의 실체를 폭로했습니다. 이 책은 1962년에 출간되었는데, 책이 세상에 나오자마자 베스트셀러에 올랐고, 세계 22개 언어로 번역되었습니다.

《침묵의 봄》을 통해 그녀는 DDT와 같은 살충제와 농약이 새, 물고기, 야생 동물, 인간에게 미칠 수 있는 파괴적인 영향을 고발했습니다. 비록 이 책 때문에 그녀는 농약 제조업체에게 갖은 비난을 받았지만, 1969년 미국이 국가환경정책법을 만드는 데 큰 영향을 미쳤답니다.

폐광산의 중금속

위험한 폐광산

예전에 우리나라 산간 지역에서는 광석을 캤으나 지금은 문을 닫은 폐광산이 많습니다. 금속을 캐던 광산은 936개, 석탄을 캐던 광산은 340개로 총 1,276개의 폐광산이 있지요. 이 중에서 폐수나 광물 찌꺼기 등 오염 물질이 발생하는 곳은 무려 974군데나 된다고 합니다.

강원도 정선의 세우광산은 전체 면적의 78.3%가 아연, 비소, 카드뮴 등에 오염된 것으로 조사됐습니다. 또한 충남 서산의 서성광산은 전체 면적의 44.7%가 납 등에 오염된 것으로 나타났습니다.

폐광산 주변에서는 쌀과 배추 등 농산물이 많이 재배되고 있습니다. 광산이 문을 닫으면서 일자리를 잃은 광부들이 땅을 일구는 농부로 직업을 바꾸는 경우가 많았기 때문입니다. 그런데 폐광산이 중금속에 오염되어 농산물에서까지 중금속이 검출되는 일이 발생했습니다. 오염 정도가 심한 폐광산 지역에서 재배된 파와 배추에서는 셋 중 하나꼴로 납과 카드뮴이 검출되기도 했습니다. 그 농산물을 사람이 먹게 된다면 치명적인 병이 생길 수 있습니다.

광산 주변을 관리하는 한국광해관리공단은 지속적으로 폐광산 주변 지역의 토양이 어느 정도 오염되었는지 조사하면서 토양을 회복시키기 위한 활동을 벌일 계획이라고 합니다.

폐광산의 활용

충청남도 보령에서는 폐광산을 아주 지혜롭게 활용한 예가 있습니다. 광산 안에는 광석을 실어 나르기 위한 길이 있는데 이것을 갱도라고 합니다. 보령에서는 어둡고 습습한 갱도의 특성을 잘 살려 양송이와 느타리버섯을 재배해 큰 수익을 올리고 있습니다. 전국 최초로 석탄박물관도 열어 관람객을 끌어모으고 있지요. 또한 강원도 삼척시에는 이 폐광산을 연탄 체험장으로 만들었습니다. 연탄을 제조하는 과정을 보여 주고, 관람객이 제조기로 직접 연탄을 만들어 보는 장을 마련했지요. 폐광산이 지하자원의 소중함을 경험하게 되는 관광지로 개발된 것입니다.

TIP 요건 몰랐지?

러브 캐널 사건

토양이 오염되면 식물과 땅속 생물이 살기에 어렵고, 결국 그 땅 위에 지은 농작물을 먹는 사람에게도 해롭습니다. 이러한 위험 말고도, 토양이 오염되어 일어난 엄청난 사건이 미국에서 있었습니다. 오염된 토양 위에 학교를 세우면서 벌어진 사건으로서, 나타난 현상들이 마치 한 편의 공포 영화를 보는 듯한 인상을 줄 정도입니다. 학교를 중심으로 학생과 주민이 천식, 신장 질환, 간 질환, 선천성 기형아 출산 등의 증세를 보이면서 나타난 재난이었습니다.

1892년 사업가 윌리엄 러브는 나이아가라 폭포에서 약 12㎞에 이르는 운하를 건설하여 선박을 운항하고 발전소를 건설하려는 계획을 세웠습니다. 그러나 운하를 1.6㎞ 정도 만들었을 무렵 미국의 경제가 어려움을 겪게 되었고, 결국 이 사업은 1.6㎞ 길이의 웅덩이만 남긴 채 1910년 중단되었습니다.

그렇게 몇십 년 동안 방치되다가 1940년대에 후커케미컬 화학 회사가 그 지역을 인수했습니다. 회사는 화학 폐기물을 철제 드럼통에 넣어 그 웅덩이에 묻어 버리는 어처구니없는 불법을 저질렀습니다. 무려 8년 동안 유독성 화학물질 약 2만t을 매립한 회사는 1953년 이 땅을 나이아가라 시 교육위원회에 기증했습니다.

그 후 이 지역에 지어진 학교의 운동장에서 이상한 화학물질이 발견되고, 돌이 연기를 내면서 부식하는 희한한 일이 벌어졌습니다. 1970년대에는 학교 지하실에서 알 수 없는 물질이 나오고 하수구가 검은 액체에 부식되기도 했지요. 지역 주민들은 피부병과 두통에 시달리기 시작했고, 다른 지역에 비해 태아가 유산되는 경우도 잦았습니다.

1977년 이 지역을 조사한 당국은 후커케미컬 화학 회사가 땅에 묻어 버린 화학 폐기물

때문에 지하수가 유독성 화학물질로 심하게 오염된 것을 발견했습니다. 유독성 화학물질로 인해 토양이 오염되고, 결국 물까지 오염되고 만 것입니다. 후커케미컬 회사가 불법으로 화학폐기물을 땅에 묻어 버린 것이 이렇게 엄청난 재난을 낳았습니다.

미국은 이 지역을 역사상 처음으로 환경재난지역으로 선포하고 거주하던 주민을 모두 이주시켰습니다. 그뿐만 아니라 이 지역의 주택과 학교를 모두 철거했고, 더 이상 유해 물질에 의한 피해가 없도록 플라스틱 덮개를 씌우고 흙으로 덮은 뒤 잔디를 심었습니다. 사람과 동물의 접근을 막기 위해 울타리까지 쳐 놓았답니다.

Q&A 꼭 알고 넘어가자!

문제 1 토양은 어떻게 오염되나요?

문제 2 DDT는 임신부와 태아에게 어떤 악영향을 끼칠까요?

이나 모유를 통해 태아에 전달됩니다. 호르몬이 적절한 시기에 적절한 장소에 제공되어 태아가 정상적으로 성장하는데 일부 화학물질은 호르몬과 구조가 비슷해 몸 안에 들어오면 호르몬 흉내를 냅니다. 이 때문에 인체가 착각을 일으켜 특히 발육기의 태아가 돌이킬 수 없는 피해를 입게 됩니다.

3. 충청남도 보령에서는 어둡고 습습한 폐갱도의 특성을 살려 양송이와 느타리버섯을 재배하여 큰 수익을 올리고 있으며, 전국 최초로 석탄박물관을 개관하여 관람객을 끌어모으고 있습니다. 강원도 삼척시에서는 연탄 제조 공정을 보여 주고 관람객이 제조기로 직접 연탄을 찍어 보는 체험장을 마련했습니다.

문제 3 폐광산을 농지가 아닌 다른 용도로 어떻게 활용할 수 있을까요?

정답

1. 토양오염은 대체로 지하자원을 이용할 때 암석의 무기 성분이나 농약에 들어 있는 화합물이 지표에 쌓여서 발생합니다. 공업 단지와 도시 매연가스에 의한 산성비, 식품 포장 폐기물, 축산업체의 폐기물 등에 의해서도 토양은 오염됩니다. 더욱이 공업화에 의해 방출되는 중금속 등의 무기 성분은 농경지 토양을 오염시키고, 농작물의 성장을 방해하며, 이 농작물을 먹은 가축과 사람에까지 해를 끼칩니다.

2. DDT는 분해되는 데 2년에서 15년이 걸립니다. 또한 몸속에 들어오면 지방 성분에 그대로 쌓여 있습니다. 여성이 DDT를 흡수한 음식을 먹을 경우 체지방에 축적됐다가 자신의 지방을 태워 새 생명을 만들 때 탯줄

관련 교과

초등 5학년 2학기 1. 환경과 생물
초등 6학년 1학기 4. 생태계와 환경
초등 6학년 2학기 3. 쾌적한 환경
중학교 2학년 5. 빛과 파동

5. 새로운 환경오염

대기, 수질, 토양오염은 대표적인 환경오염입니다. 이 세 가지 외에도 현대에는 새로운 환경오염이 등장했습니다. 소음, 악취, 진동 등이 바로 그것이지요. 이 오염들은 동물과 식물, 그리고 사람에게 어떤 피해를 줄까요? 그리고 대책은 무엇일까요?

참을 수 없는 귀의 고통, 소음

소음 피해 사례

경상북도 칠곡군 왜관읍 왜관 12, 14리에 사는 주민 5,000여 명은 철도 소음 때문에 극심한 고통을 겪고 있습니다. 이 지역은 경부선 철도와 불과 50여m밖에 떨어져 있지 않아 철도 소음에 직접적으로 노출되어 있기 때문입니다. 하루 평균 철도 소음은 74.5dB(데시벨)입니다. 주거 지역의 야간 환경 기준인 65dB을 9.5dB이나

데시벨

소리의 크기를 나타내는 단위로서 기호는 dB입니다. 우리가 일상적으로 대화하는 크기는 60dB 정도입니다.

속도가 빠른 기차는 소음을 일으켜 철로 주변 주민을 괴롭힌다. ⓒ CeeKay@the Wikimedia Commons

넘은 수치입니다. 이 때문에 주민들은 여름철에도 창문을 이중으로 꼭꼭 닫은 채 살아야 하는 어려움을 겪고 있습니다. 소음으로 인해 밤에 잠을 자지 못하는 주민도 많았습니다.

2008년에 주민들은 한국철도시설공단에 방음벽을 설치해 줄 것, 기차가 그 지역을 지날 때 속도를 늦춰 줄 것, 이 두 가지를 요구했지만 공단 측에서는 곤란하다는 뜻을 밝혔습니다. 이 철도 소음으로 보이지 않는 줄다리기를 시작한 지도 벌써 19년이나 되었다고 합니다. 주민들이 소음 때문에 그동안 얼마나 힘들었을지 생각해 보면 정말 안타깝습니다.

소음이란 무엇인가요?

소음이란 사람이 불쾌감을 느낄 정도로 시끄러운 소리를 뜻합니다. 소음을 만들어 내는 요인에는 여러 가지가 있습니다. 기차나 자동차, 비행기 같은 교통수단을 비롯해서 공장이나 건설 현장에서 발생하는 기계음 등이 소음의 원인입니다. 최근에는 아파트 생활이 증가하면서 각 가정의 텔레비전이나 오디오, 피아노, 세탁기가 내는 생활 소음도 큰 문제로 떠오르고 있습니다. 층간 소음을 참지 못해 위아래층에 사는 이웃끼리 싸움이 벌어지는 경우가 잦아지고 있습니다.

인체에 해를 끼치지 않을 정도의 소음을 소음 허용 기준이라고 합니다. 소음 허용 기준은 지역에 따라 다릅니다. 낮 동안에 일반 지역에서는 50~70dB로 정해져 있고, 도로변 지역에서는 65~75dB로 정해져 있습니다. 그런데 같은 지역이라도 밤에는 잠자는 데에 방해를 주지 않게 하기 위해 낮보다 각각 5~10dB 더 낮게 정해 놓습니다.

소음계로 소음의 정도를 측정할 수 있다.

소음과 건강

소음이 가장 큰 영향을 미치는 신체 부위는 귀입니다. 오랜 시간 동안 큰 소리를 듣게 되면 청각은 점점 나빠지게 되고, 심하면 듣는 능력에 문제가 생길 수도 있습니다. 그리고 갑작스러운 소음은 심장 질환을 낳기도 합니다. 심장이 좋지 않은 사람들은 특별히 주의해야겠지요. 소음이 계속될 경우에 생기는 몸의 질병뿐 아니라 정신적인 스트레스도 큰 문제가 되고 있습니다.

세계 각국에서는 법률을 제정하여 소음을 규제하고 있지만, 그 기준이 매우 개인적이라 공정한 판단을 내리기는 어렵습니다. 일상생활에서 때마다 소음계를 사용하기도 어렵기 때문에 귀마개를 사용해 소음 피해를 줄이는 등 개인적인 대책만 있는 실정이랍니다.

TIP 요건 몰랐지?

소리의 크기를 나타내는 단위, 데시벨

소리의 세기는 소리 측정 기구를 이용하여 객관적으로 측정할 수 있습니다. 그래서 만든 소리의 단위는 데시벨이라고 하며, 기호로는 dB로 나타냅니다. 정상적인 귀로 들을 수 있는 가장 작은 소리의 크기를 0dB로 하고 10dB씩 수치를 높입니다. 10dB씩 수치가 커질 때마다 소리의 세기는 10배씩 강해진다고 생각하면 됩니다. 20dB의 소리 세기는 10dB의 2배가 아니라 10배가 되고, 0데시벨의 100배가 되는 것입니다.

일상에서는 40dB 정도의 소음이 발생합니다. 옆 사람과 대화를 나누는 소리는 60dB 정도입니다. 집에서 음악을 감상할 때는 85dB, 록 밴드의 음악을 감상할 때는 110dB, 제트엔진 소리는 150dB 정도입니다.

소리의 크기가 80dB 이상인 소음을 오랜 기간 계속 들으면 청각 장애가 올 수 있습니다. 120dB을 넘어서는 소리는 사람이 듣기에 아주 고통스럽답니다.

피할 수 없는 코의 고통, 악취

악취 피해 사례

경상북도 고령군 쌍림면 하거 2리와 경상남도 합천군 야로면 청계리 주민은 오늘도 마을 앞 스티로폼 공장에서 발생하는 악취 때문에 매우 고생하고 있습니다. 2008년에는 주민들이 대책을 마련해 달라고 호소했어요. 악취 때문에 두통과 구토 증상을 호소하는 주민의 숫자는 점점 늘어나고 있지만, 구체적인 대책은 찾지 못했습니다. 마을 쪽으로 바람이 부는 날이면 더 심해지는 악취에 구토 증세와 함께 잦은 기침으로 보건소를 찾는 사람도 부쩍 늘었습니다.

악취로 인한 피해는 경상남도 창원에서도 일어났습니다. 2008년 7월 무더운 여름, 창원 공단에 있는 한 커피 공장 주변의 주민들은 무더위로 창문을 열어 놓았다가 갑자기 밀려오는 악취를 참지 못하고 구역질을 하며 집 밖으로 뛰쳐나왔습니다. 행인들은 코를 감싸 쥐고 빠른 걸음으로 지나가기도 했습니다. 악취 때문에 현기증과 구역질을 일으킨 사람은 점점 증가했습니다. 주민들은 한 달 만에 무려 10여 차례 악취를 풍기는 커피 공장을 단속해 달라는 항의 전화를 했지만, 공장 측에서는 공장 기기에 아무 이상이 없다는 말만 할 뿐 조금도 개선하려고 하지 않았습니다. 주민들은 여름 내내 악취에 시달리며 몹시 힘든 하루하루를 보내야만 했습니다.

악취로 인한 피해들

악취란 무엇인가요?

악취는 쉽게 말해 사람을 불쾌하게 만드는 냄새를 말합니다. 한 가지 물질의 냄새라기보다 여러 가지 물질이 섞여서 나는 냄새가 대부분입니다. 공장 주변에서 악취가 많이 발생하는 이유도 여러 가지 화학물질을 혼합해서 사용하기 때문입니다.

악취를 맡게 되면 먼저 정신적인 스트레스가 쌓이고, 심리적으로 매우 불안해집니다. 따라서 짜증이나 히스테리, 불면증 등이 나타나기도 합니다. 그리고 악취 때문에 혈압이 상승하고 호르몬 분비가 변화되며 후각 능력이 떨어질 뿐 아니라 두통, 구토 등의 증상이 나타나기도 합니다.

악취가 미치는 나쁜 영향을 막기 위한 악취방지법은 2004년 2월에 제정되었습니다. 국립환경과학원은 악취 신고가 접수되면 악취공정시험방법을 기준으로 악취가 어느 정도인지 정확히 측정하고, 그 결과에 따라 여러 가지 규제를 하고 있답니다.

TIP 요건 몰랐지?

악취방지법

악취방지법은 여러 활동으로 인해 발생하는 악취를 방지함으로써 국민이 건강하고 쾌적한 환경에서 생활할 수 있게 하는 것을 목적으로 만들어졌습니다.

특정 지역에서 악취와 관련한 불만이 1년 이상 계속되고, 주변 지역 안에서 악취가 환경부에서 정한 기준을 넘을 경우, 그곳은 악취 관리 지역으로 분류됩니다. 악취 시설을 개선하라는 명령을 받았음에도 따르지 않는다면 악취 배출 시설의 전부 또는 일부에 대하여 사용 중지 처분이 내려질 수 있습니다.

악취 배출 시설의 사용 중지 또는 폐쇄 명령을 따르지 않는다면 3년 이하의 징역 또는 2,000만 원 이하의 벌금이 부가됩니다. 사용하지 않겠다고 거짓으로 신고한 다음 악취 배출 시설을 운영하면 1,000만 원 이하의 벌금을 내야 합니다. 악취를 방지하기 위한 조치를 하지 않은 채 악취 배출 시설을 사용하면 200만 원 이하의 벌금이 주어집니다.

고무, 가죽, 사용한 기름, 동물의 시체 등 악취를 만들어 낼 수 있는 물질은 환경부가 정한 소각 시설에서만 태울 수 있습니다. 국가 기관은 하수관, 하천, 항만 등 공공 구역에서 악취가 발생하여 주변 지역 주민에게 피해를 주지 않도록 항상 관리해야 합니다.

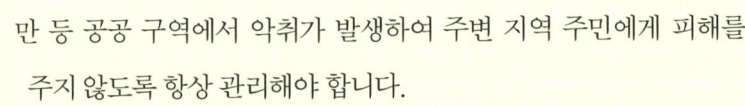

불안감을 만드는 진동

진동 피해 사례

충청남도 천안시 동남구 풍세면의 축산 농가는 천안시 의회에 청원서를 제출했습니다. 천안시에서 추진하는 풍세산업단지 조성 때문에 수개월째 진동 피해를 보고 있다는 내용이었습니다. 천안시 한 축산 농가에서는 산업단지를 건설하는 공사로 생기는 진동 때문에 한우 한 마리가 쓰러져 죽기도 했습니다. 그리고 가까이에 있는 다른 축산 농가에서는 소가 새끼를 낳는 비율이 감소하는 등 진동에 의한 피해가 점점 늘어났습니다.

발파 공사는 강한 진동이 멀리까지 전해져 사람과 가축을 깜짝 놀라게 한다.

2008년 경상북도 군위군 군위면 외양리에서는 더 큰 진동 피해가 있었습니다. 그곳에는 돼지 수천 마리가 자라는 농장이 모여 있었습니다. 그런데 불과 800m 정도 떨어진 곳에서 골프장을 건설하느라 하루에도 수차례씩 발파 공사가 진행되었고, 그 진동은 고스란히 돼

지들에게 전달되었습니다.

한 농가에서는 골프장의 발파 공사가 시작된 후부터 새끼 돼지들이 하루에 10마리 이상씩 죽었고, 유산을 한 어미 돼지는 47마리에 이르렀습니다. 사육하는 돼지 3,000마리 중에서 370여 마리가 죽은 농가도 있었습니다. 하루에 600~700g씩 먹이를 먹던 새끼 돼지들은 불안감에 400g도 채 먹지 않아서 제대로 크지 못했습니다.

발파 공사의 피해는 동물에게만 생기는 것이 아니었습니다. 마을 사람들 가운데는 진동에 놀라 집 밖으로 뛰어나오는 사람도 있었고, 벽에 금이 가거나 형광등이 깨지는 집도 있었습니다.

진동과 건강

공사나 전철, 기차 등의 이동으로 진동이 생기면 갑작스럽게 건물이나 땅이 흔들려서 사람들은 불안에 떨거나 긴장하게 됩니다. 이로 인한 정신적인 스트레스가 심각하지요. 여러 가지 원인에 의한 진동은 현재 소음진동관리법으로 규제하고 있답니다.

TIP 요건 몰랐지?

소음진동관리법

소음진동관리법은 공장, 건설 공사장, 도로, 철도에서 발생하는 소음과 진동에 의해 생기는 피해를 방지하는 법입니다. 소음과 진동을 적정하게 관리하고 규제하여 모든 국민이 조용하고 평온한 환경에서 생활할 수 있게 하기 위한 목적으로 만들어졌어요.

환경부에서는 소음과 진동의 배출 허용 기준을 정해 놓고 있으며, 이를 기준으로 시장, 군수, 구청장은 소음이나 진동을 발생시키는 자에게 다음 사항들을 명령할 수 있습니다. 작업 시간을 조정할 것, 소음과 진동을 만드는 행위를 중지할 것, 방음벽과 같은 방음 시설을 설치할 것, 소음이 덜 발생하는 건설 기계를 사용할 것 등입니다.

전철이나 버스 같은 대중교통이 만들어 내는 소음과 진동은 규제가 필요할 경우, 그 지역의 시장이나 군수가 관리해야 합니다. 환경부장관은 항공기 소음이 한도를 초과하여 주변의 생활 환경에 좋지 않은 영향을 미칠 때, 방음 시설의 설치와 같이 항공기 소음 방지에 필요한 조치 명령을 내릴 수 있습니다.

Q&A 꼭 알고 넘어가자!

문제 1 소음이란 무엇이며, 주위에서 발생하는 소음의 원인에는 무엇이 있나요?

문제 2 악취가 인간의 건강에 위험한 이유는 무엇일까요?

타났습니다. 특히 동물의 배설물 냄새를 자주 맡으면 스트레스가 심해져 정신 질환이 생기고, 신경조직에 손상이 생길 수 있다는 보고도 있습니다.

3. 공장의 기계, 교통 기관, 건설 장비가 진동을 일으키는 주요 원인입니다. 여기서 발생하는 진동은 사람과 동물의 심리적 불쾌감을 일으키며, 장기간 지속될 경우 스트레스, 정서 장애, 생리 기능 장애를 초래하고 건물을 손상시키기도 합니다.

문제 3 진동은 사람들에게 어떤 영향을 미치나요?

정답

1. 소음이란 사람이 불쾌감을 느낄 정도로 시끄러운 소리를 말합니다. 기차, 자동차, 비행기 같은 교통수단을 비롯해서 공장이나 건설 현장에서 내는 기계음이 소음의 원인입니다. 또한 각 가정의 텔레비전이나 오디오, 피아노, 세탁기가 내는 생활 소음도 큰 문제가 되고 있습니다.

2. 악취는 암모니아, 염소, 포르말린처럼 악취 자체에 독성이 있어서 사람에게 직접 영향을 미치기도 하지만, 독성이 없는 고약한 냄새가 스트레스를 일으켜 정신 건강을 위협하기도 합니다. 지속적으로 악취를 맡은 사람은 천식이나 인후염과 같은 호흡기 질환이 악화될 수 있으며 두통, 근육통 발생 위험이 높은 것으로 나

관련 교과

초등 5학년 2학기 1. 환경과 생물
초등 6학년 1학기 4. 생태계와 환경
초등 6학년 2학기 3. 쾌적한 환경

6. 우리나라의 환경오염

지금까지 수질, 토양, 대기오염 등 다양한 환경오염에 대해 공부했습니다. 새로운 환경오염인 소음, 진동, 악취도 살펴보았지요. 우리가 살고 있는 대한민국의 환경오염은 어느 정도로 심각할까요? 그리고 이 환경오염에 우리는 어떻게 대처하고 있을까요?

우리나라 환경오염의 실태

대기오염 실태

우리나라 주요 도시들의 대기오염 정도는 1970년대부터 급속히 악화됐습니다. 서울은 1977년부터, 부산은 1979년, 인천은 1984년, 대구는 1985년부터 1990년까지 대기 속 아황산가스 수치가 0.05ppm을 웃돌았습니다.

1993년부터는 대기오염을 구분 짓는 환경기준이 0.03ppm으로 강화되었습니다. 그런데도 대구, 울산 등 대도시들은 기준을 초과했습니다. 서울을 비롯한 기타 대도시들은 간신히 기준에 미치지 못하는 정도였지만 연료를 많이 사용하는 겨울철에는 이 도시들 역시 환경기준을 초과하게 되었습니다.

1990년까지는 공기 중에 존재하는 미세 먼지의 양도 서울, 부산, 인천, 울산 등 주요 산업 도시에서 환경기준을 초과했습니다. 그러나 1990년 이후부터는 대체로 대부분의 대도시가 환경기준보다 낮은 수치를 나타냈습니다. 그럼에도 불구하고 서울, 부산 등 대도시 지역과 공장이 많이 들어서 있는 공단 주변에서는 pH5.6 이하의 약한 산성비가 내렸고, 겨울이 되면 산성 정도가 더 심해졌습니다. 이 밖에도 일부 지역에서는 질소산화물, 일산화탄소, 탄화수소 등이 환경기준을 초과하는 것으로 나타나고 있습니다.

서울에 생긴 스모그. ⓒ taylorandayumi@flickr.com

수질오염 실태

우리나라의 수질오염 정도는 강의 하류로 갈수록 점점 악화되는 경향을 보입니다. 종종 발생했던 대형 유조선 사고 때문에 생긴 피해 금액도 갈수록 늘어나고 있습니다.

소음·토양오염 실태

우리나라 도로변의 환경 소음 실태를 조사한 결과 주요 산업 도시에서는 온종일 환경기준을 초과하는 것으로 나타났습니다. 주거 지역에서 나타나는 소음 역시 환경기준을 초과해서 많은 시민에게 작업, 공부, 수면 방해 등 다양한 피해를 끼치고 있습니다. 소음의 가장 큰 원인은 교통수단입니다. 특히 공항 주변 지역에 사는 사람들에게 많은 피해를 끼치는 항공기 소음 문제가 새롭게 나타나고 있습니다.

우리나라의 토양오염은 그리 심각하지는 않은 것으로 나타났습니다. 평야 지역은 전반적으로 오염되지 않은 안전한 농경지임이 확인되었지요. 하지만 광산 지역이나 공단 주변의 농경지는 농약이나 비료, 중금속 때문에 점점 오염되고 있습니다. 아직은 기준치 이하이기는 하지만 안심할 만한 수준은 넘어섰습니다.

TIP 요건 몰랐지?

태안 기름 유출 사건

2007년 12월 7일 충청남도 태안군 만리포에서 북서쪽으로 10㎞ 떨어진 지점에서 해상 크레인과 유조선이 충돌하여 원유 1만 2,547㎘가 유출되는 사고가 발생했습니다. 이는 우리나라 해상에서 발생한 기름 유출 사고 가운데 가장 큰 규모입니다.

유출된 기름은 곧 짙은 기름띠를 형성했고, 사고가 발생한 그날 만리포, 천리포, 모항, 안면도까지 유입되었습니다. 기름이 덩어리져 굳어 버리는 타르 볼도 점점 확산되어 2008년 1월 1일에는 전라남도 진도, 해남과 제주도의 추자도 해안에서까지 발견되기도 했습니다.

기름이 유출되고 한 달 만에 수거된 폐유는 유출된 양의 절반에도 미치지 못하는 4,175㎘였습니다. 피해를 입은 양식장 면적만 서산시 1,071ha, 태안군 4,088ha에 이르렀습니다. 또한 해수욕장, 어장, 양식 시설에 큰 피해를 입은 태안, 서산, 보령, 서천, 홍성, 당진 등 여섯 개 지역은 특별재난지역으로 선포되었습니다.

이 엄청난 해양 오염 사고를 함께 극복하기 위해 서해안으로 향하는 자원봉사자들의 발길은 끊이지 않았습니다. 사고 후 한 달 사이에만 무려 50만 명이 넘는 자원봉사자들이 차가운 바닷바람 속에서 기름 덩어리를 제거하는 데 힘을 모았습니다. 그뿐만 아니라 전국에서 성금도 끊이지 않았습니다. 이 덕분에 기름으로 뒤덮여 있던 검은 바다는 조금씩 푸른빛을 되찾아 가기 시작했답니다.

태안 바다는 자원봉사자들의 힘으로 조금씩 푸른빛을 되찾았다. ⓒ 이미지@the Wikimedia Commons

환경오염의 대책

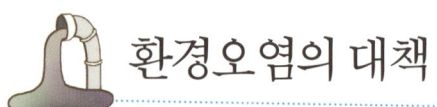

우리나라의 인구는 5,000만 명을 넘었고, 2020년이 되면 5,400만 명이 넘으리라 전망됩니다. 이러한 인구 증가와 경제 성장을 함께 고려할 때 에너지와 자원이 부족해지는 현상은 피할 수 없어 보입니다. 전문가들은 미리 대책을 세워 두지 않는다면 엄청난 환경오염이 일어날 것이라고 예측하고 있습니다.

여러 가지 환경보호 방법

대기를 보전하기 위해 청정연료를 의무적으로 사용해야 합니다. 석탄이나 석유와 같은 화석연료의 사용은 규제하고, 자동차와 공단 지역에 대한 오염 대책을 강력하게 추진해야 합니다. 물을 보전하려면 먼저 오염이 심한 하천을 집중적으로 관리하고, 생활 하수와 공장 폐수에 대한 정화 시설을 늘려야 합니다. 또한 오염물을 배출하는 시설에 대한 단속을 강화하고, 태안과 같이 해양오염이 심한 구역을 더욱 엄격히 관리해야 합니다.

경제를 성장시키는 동시에 환경을 보호하기 위해서 오염 물질의 배출량을 감소시킬 수 있도록 새로운 작업 과정을 개발해 내는 것도 도움이 됩니다. 그리고 인체에 해로운 중금속을 안전하게 처리할 수 있는 기술과 덜 오염되는 제품을 생산하는 기술을 개발하는 것도 환경 보전에 큰 몫을 차지할 것입니다.

하지만 이 모든 방법보다도 가장 중요한 것이 있습니다. 바로 환경에 대한 사람의 인식이 바뀌는 것입니다. 이 땅이 있으므로 내가 살 수 있다는 사실을 명심하고 환경의 소중함과 고마움을 깨달아야 합니다. 그리고 환경이 내 것이라는 생각으로 아끼고 지켜야 합니다.

세계 3대 환경보호 단체

환경을 보호하고, 환경을 오염시키는 해로운 물질의 사용을 금지하고, 생태계를 보전하기 위해 사회적인 활동을 벌이는 단체가 많습니다. 이들을 통틀어서 환경 운동 단체라고 하지요. 세계적으로 가장 영향력 있는 환경 운동 단체는 '그린피스' 입니다. 그린피스는 1971년 캐나다 브리티시컬럼비아 주에 설립되었습니다. 핵무기 반대, 고래잡이 반대, 생물의 다양성 보

지부

본부의 담당 아래 일정한 지역에 설치해서 그 지역의 사무를 맡아 보는 곳입니다.

존 등 그린피스는 여러 분야에서 활동하고 있습니다. 그린피스의 본부는 네덜란드의 암스테르담에 있는데, 아직 우리나라에는 지부가 생기지 않았습니다.

그린피스는 공격적인 시위를 벌이는 것으로 유명합니다. 참다랑어 어업 반대 운동이 그 예입니다. 그린피스 운동가들은 정부가 동대서양과 지중해에서 참다랑어 어업 행위를 제대로 관리하지 못해 참다랑어가 멸종 위기에 처할 수 있다며 시위를 벌였습니다. 프랑스 농림부 건물 앞에서 참다랑어의 머리 부분만 잘라 쌓아 놓는 무시무시한 시위였지요. 이 밖에도 그린피스는 나체 시위, 공중 시위 등 다양하고 위협적

세계적 환경보호 단체들은 인간에 의해 위협받는 야생 동물의 보호를 위해 애쓴다.

인 방법으로 환경운동 시위를 벌이고 있습니다.

'지구의 벗' 도 그린피스와 함께 세계적으로 유명한 환경운동 단체 가운데 하나입니다. 이 단체는 1969년 9월 데이비드 블로어가 미국 샌프란시스코에 설립했습니다. 38개 나라에 지부가 있으며 같은 이름의 환경 단체가 52개 나라에 있습니다. 이들은 독자적으로 활동을 벌이지만 서로 협력 관계를 유지하고 있습니다. 지구의 벗은 주로 지구온난화 방지, 산림 보존, 생물의 다양성 보존 등을 위한 활동을 벌이고 있습니다. 우리나라에는 대운하 사업을 반대하는 대대적인 서명 운동을 벌였던 것으로 많이 알려져 있습니다.

그린피스, 지구의 벗과 함께 세계 3대 환경운동 단체로 손꼽히는 단체로는 자연보호를 위한 국제 비정부 기구인 '세계자연보호기금' 이 있습니다.

이 단체는 1961년 9월 11일 스위스 모르주에서 줄리언 헉슬리, 피터 스콧 등에 의해 만들어졌지요. 미국과 캐나다에서는 세계야생생물기금이라는 이름으로 많이 불리고 있습니다. 세계자연보호기금은 90여 개 나라에 500만 명 이상의 회원이 있고, 1만 5,000개의 환경보호 사업을 수행하고 있는 세계 최대의 환경운동 단체입니다. 이 단체의 가장 큰 특징은 수입의 90% 이상을 개인과 기업의 기부금으로 충당하고 있다는 점입니다. 이 수입을 이용하여 세계 멸종 위기의 동물, 지구의 기후 변화 등을 조사하고 경고하는 일을 담당하고 있습니다.

우리나라의 환경보호 단체

우리나라를 대표하는 환경 운동 단체로는 환경운동연합이 있습니다. 지구의 벗에 대한민국 대표로 회원 등록이 되어 있지요. 환경운동연합은 1993년 4월에 결성되었습니다. 1982년 창립되었던 주부 중심의 한국공해문제연구소를 기반으로 시작되었고, 1991년 3월에 발생한 낙동강 페놀 오염 사건이 계기가 되어 여러 지역 단체가 참여하면서 환경운동연합으로 발전하였습니다. 지금은 52개의 지역 조직과 7만 3,000여 명의 회원이 있는 튼실한 단체가 되었습니다. 환경을 인간과 동일하게 생각하여 하나의 생명체로 여기며 환경오염을 방지하는 운동을 할 뿐만 아니라 환경보호와 사회 발전을 함께 이룩하는 것이 이 단체의 목표입니다.

이 밖에도 환경을 생각하는 소비 생활을 실천함으로써 생태계를 보전하고자 하는 녹색소비자연대, 국토의 오염 방지를 목적으로 하는 녹색연합, 환경 보전 사업을 목적으로 설립된 환경보전협회 등 우리나라에도 수많은 환경 운동 단체가 있습니다. 한 기업체 안에서 환경 운동을 위해 작은 조직

을 만드는 일도 있습니다. 환경 운동에 뜻을 둔 몇몇 사람이 모여서 만드는 작은 모임도 계속 생겨나고 있답니다.

이와 같이 많은 환경보호 단체가 있고, 이 단체의 사업에 참여하는 것도 환경을 보호하는 좋은 방법이지만, 개인적으로 실천할 수 있는 일도 많습니다. 하나의 예로, 2011년 미국의 마일로라는 열 살의 소년이 빨대를 적게 써 환경을 지키자는 운동을 벌였습니다. 일회용품이 일상화된 미국에서 하루에 소비되는 빨대는 무려 5억 개로, 버스 127대를 가득 채울 수 있는 양이라고 합니다. 마일로는 식당에서 음료수를 줄 때 빨대 없이 마실 의향이 있는지 손님에게 물어보자는 식으로 실천할 수 있는 방법을 제안했습니다. 여러분도 마일로처럼 자기만의 환경보호 운동을 실천해 보세요.

Q&A 꼭 알고 넘어가자!

문제 1 세계 각국에서는 환경오염을 막기 위해 어떤 노력을 하고 있을까요?

문제 2 우리나라에는 어떤 환경 운동 단체가 있나요?

식의 변화를 이끌고 있습니다.

3. 대표적인 비정부 기구인 그린피스는 1971년 설립된 국제 환경보호 단체로, 핵실험 반대와 고래 보호 운동 등으로 유명합니다. 본부는 네덜란드 암스테르담에 있고 40여 개 나라에 지부를 두고 있습니다. 포경금지 협약을 위반한 노르웨이의 제품을 사지 말자는 운동을 벌여 전 세계의 수천 명이 이들의 캠페인에 동참하했고, 인체에 해로운 배기가스를 내뿜지 않는 자동차를 만들어 전 세계에 홍보했습니다.

문제 3 그린피스는 어떻게 생겨난 환경 운동 단체인가요?

정답

1. 지구 환경을 보전하기 위해 화석연료 사용을 억제하고 오염 물질 배출을 줄이고, 깨끗한 대체에너지를 개발하고, 에너지 효율을 향상시키는 등 온갖 방법이 총동원되고 있습니다. 전력 절약형 가전 제품, 건물 냉난방 기법, 전기 자동차, 저오염 대용품 개발도 활발하게 이루어지고 있습니다. 1992년 6월에는 세계환경협약이 체결되었고, 바젤협약, 기후변화협약, 생물다양성협약 등이 체결되어 세계적인 노력이 계속되고 있습니다.

2. 녹색소비자연대, 녹색연합, 환경운동연합, 환경보전협회 등 우리나라에도 여러 분야에서 활동하는 환경 운동 단체가 굉장히 많습니다. 이들 단체는 환경을 보호하고, 환경을 오염시키는 유해 물질의 사용을 금지하고, 생태계를 보전하기 위해 사회적인 활동을 벌이고 있습니다. 더불어 국민이 환경 운동에 동참하도록 인